# DU
# MAGNÉTISME ANIMAL.

## ANALYSE

DE

Quelques Critiques qui ont été faites sur cet agent prétendu,

par

**C. D.,** *Docteur-Médecin.*

> Le magnétisme animal est une science
> de tours d'adresse, de supercheries et
> de mystifications, dont on s'amuse
> actuellement dans les salons de Paris,
> à un louis par soirée, à domicile.

**CAMBRAI,**

SIMON, Imp.-Lith. et Libraire, rue St-Martin, 12.

—

**1844**

Imp. de P. LEVÉQUE.

DU

# MAGNÉTISME ANIMAL.

## ANALYSE

DE

Quelques Critiques qui ont été faites sur cet agent prétendu,

par

**C. D.**, *Docteur-Médecin.*

> Le magnétisme animal est une science
> de tours d'adresse, de supercheries et
> de mystifications, dont on s'amuse
> actuellement dans les salons de Paris,
> à un louis par soirée, à domicile.

**CAMBRAI,**

SIMON, Imp.-Lith. et Libraire, rue St-Martin, 12.

**1844**

# EXTRAIT

DE

## L'ECHO DE CAMBRAI.

—

Le magnétisme, qui se présente comme le re-
mède souverain des entorses et des foulures, a été
souvent discuté par ses partisans et ses adversaires.
Le docteur D., de notre ville, a pensé qu'il était
bon, pour éclairer la discussion tout nouvellement
soulevée à Cambrai de résumer les meilleurs articles
de critique qui ont paru sur cet agent surnaturel
vrai ou prétendu, cet être imaginaire ou réel, et il
a bien voulu nous communiquer son travail pour
en faire quelques feuilletons. C'est pour nous et ce
sera nous le croyons pour nos lecteurs une bonne
fortune. Notre concitoyen a principalement puisé
ses renseignemens dans un très remarquable travail de M. Bouillaud, médecin et professeur distin-
gué autant que député consciencieux.

# DU MAGNÉTISME.

Toutes les fois que vous entendrez
raconter un fait qui ne sera pas en
harmonie avec les lois de l'univers,
doutez ; lorsque ce fait sera ouverte-
ment en opposition avec ces lois, dites
hautement que ce fait est faux.
                    VOLTAIRE.

Allons, M. de Voltaire, vous n'êtes qu'un sot et un igno-
rant; votre philosophie n'a pas l'ombre du sens commun ;
Quoi ! parce que vous n'avez pas eu le bonheur de connaître
le magnétisme, parce que, né dans un siècle trop reculé, il
ne vous a pas été donné de jouir de ses effets merveilleux;
vous allez conclure du connu à l'inconnu, et prétendre que
tous les magnétiseurs ne sont que des charlatans, des fous ou
des imposteurs. Et si quelqu'un vous eut dit de votre temps
qu'en 1845, Paris et Anvers ne seraient plus éloignés l'un de
l'autre que de 10 heures de marche et qu'en 1850 probablement, emportés par le vent, nous rivaliserions de vitesse avec
l'oiseau qui met à peine quelques heures pour franchir cet
espace, vous n'auriez pas manqué, il me semble, d'envoyer
cet homme aux petites maisons. Aujourd'hui, monsieur, c'est
vous qu'on enverrait à Bicêtre, car, grâce au bienheureux
magnétisme, il n'y a plus rien qui soit contre les lois de la
nature. Et puis, je vous le demande, lecteurs, qu'y a-t-il
donc de bien extraordinaire, qu'un homme exerce sur son
semblable une influence telle qu'il le réduise à néant au point
d'abolir en lui toute espèce de sensation ? Qu'y a-t-il d'ex-

traordinaire que moi magnétisé, je puisse voir ici à Cambrai, ce qui se passe à Paris, à Londres, à Rome ou à Pékin ? que je puisse savoir, ce que fait tel ou tel individu dans un moment donné ? Quelle est la maladie qui le ronge *sans qu'il s'en soit jamais douté* et que je sache mieux que les médecins ce qui lui convient pour sa guérison. Pourquoi ne pourrais-je pas, par la vertu de ma petite baguette, transformer comme N. S. Jésus-Christ, l'eau en vin et le vin en eau, etc., etc.

Mais, laissons-là M. de Voltaire, laissons là pour un instant tous *les* partisans de Mesmer, et voyons enfin ce que peut être ce fameux **magnétisme**, dont on parle tant dans notre cité.

C'est en vain, que l'on cherche une bonne définition du magnétisme animal dans les ouvrages des magnétiseurs. Beaucoup d'entr'eux soit par oubli, par prudence ou par un autre motif, se sont abstenus de toute définition. Jusqu'à présent celles qu'on nous a données sont toutes plus ou moins obscures.

« Les *phénomènes singuliers* qui résultent *de l'extrême sensi-bilité des nerfs* dans quelques individus, dit Delaplace (calcul des probabilités) ont donné naissance à diverses opinions sur l'existence d'un nouvel agent que l'on a nommé *magnétisme animal.* »

La définition de M. Roslan n'est pas moins vague. Ce savant professeur qui a publié en 1825, un article dans la 1ʳᵉ édition du dictionnaire de médecine en 21 volumes, et tout en faveur du magnétisme, a reconnu lui-même son erreur depuis, en disant qu'il avait été dupe de sa bonne foi. (Je ferai voir plus loin comment il a été désabusé.) Sa définition, dis je, n'est pas plus claire que la précédente. Selon lui, le magnétisme est : « *d'abord un état particulier du*

» *systéme nerveux, état insolite anormal, présentant une sórie*
» *de phénoménes physiologiques, jusqu'ici mal appréciés , phé-*
» *noménes ordinairement déterminés chez quelques individus par*
» *l'influence d'un autre individu exerçant certains actes dans le*
» *but de produire cet état.* » Comme on le voit , pour être
moins concise que la définition de Delaplace, celle de M. Rostan n'est guère moins obscure.

Pour nous , nous dirons que le mot de magnétisme animal
a été appliqué aux phénomènes que nous allons signaler plus
bas, parce qu'à l'époque où on les observa pour la première fois
on leur trouva de la ressemblance avec ceux obtenus alors par
le moyen de l'aimant. Comme s'il n'y avait pas entre le magnétisme proprement dit et le magnétisme animal , la même
différence qu'il y a entre un phénomène naturel et un phénomène surnaturel. Ces phénomènes qui constituent le
magnétisme, les voici tels qu'ils sont énoncés dans la thèse
de M. Filassier ; après avoir insisté sur l'avantage que l'on
peut retirer du magnétisme pour le diagnostic et le traitement
des maladies, il ajoute : « Ensuite vous pouvez tout sur cet être
qui dort là devant vous; vous voulez , et il est enlevé à
toute l'atmosphère d'hommes et de choses qui lui sont
tunestes , et placé dans celle qui lui est bienfaisante ; a t-il
froid , vous le réchauffez ; a t-il chaud, vous le rafraîchissez.
Vous soufflez sur toutes ses doulburs quelles qu'elles soient
et ses douleurs se dissipent. *Vous changez ses pleurs en rires,*
*son chagrin en joie, son pays, sa mére lui manquent-ils,*
*vous les lui faites voir sans les avoir vus vous même; prend-il les*
*symptómes morbides d'un autre, vous les chassez de son*
*corps; vous paralysez sa sensibilité s'il doit subir une operation*
*cruelle ; vous transformez l'eau en un liquide qu'il désire ou*
*que vous lui jugez utile et l'eau agit comme ce liquide : vous*
*pourriez faire qu'elle restât de l'eau pour son estomac et les*

*intestins enflammés et qu'elle devint du quinquina pour son sang et son système nerveux. J'ai fait plus*, (écoutez bien, lecteurs, que ceci ne vous paraisse pas extraordinaire ) *J'ai rempli pour une somnambule un verre vide, elle buvait ; les mouvemens de la déglutition avaient lieu comme à l'ordinaire, et la soif était apaisée ; avec rien, j'ai calmé sa faim, avec rien, je lui ai servi des diners splendides.* » Des médecins concevront dans certains cas la nécessité de pareilles expériences. Ainsi, pauvres convalescents, qui souffrez de la faim, vous n'aurez plus à gémir désormais, lorsque vous demanderez à manger, il suffira de vous faire sur le creux de l'estomac quelques passes mirobolantes et vous serez rassasiés. Et vous, pauvres malheureux qui n'avez pas de pain, au lieu de nous demander l'aumône, procurez-vous donc un magnétiseur.

Quant aux procédés employés pour opérer les phénomènes du magnétisme animal, on sait qu'ils ont varié plusieurs fois déjà. Mesmer se servait d'un baquet autour duquel il disposait les malades, de ce baquet qui ne contenait rien, sortaient par des trous percés dans le couvercle, des tiges de fer servant à transmettre le fluide magnétique et a le diriger sur les parties souffrantes. A côté d'eux, se trouvait le magnétiseur qui, une baguette de fer à la main, distribuait la dose de fluide qu'il jugeait nécessaire à chaque malade. De plus, le son étant considéré dans le système mesmérien comme un conducteur du magnétisme, on exécutait dans l'appartement des airs variés sur un *forte-piano* afin de mieux imprégner les malades du fluide bienfaisant.

Aujourd'hui les magnétiseurs ont abandonné le pompeux appareil de Mesmer. La personne qui doit être magnétisée est assise, soit sur un fauteuil commode, soit sur un canapé, soit sur une simple chaise; placé sur un siége un peu plus élevé en face et à un pied de distance, le magnétiseur paraît se recueillir quelques moments pendant lesquels il prend les mains de la personne à magnétiser, de telle manière que l'intérieur des pouces de celle-ci touche l'intérieur des pouces de l'opérateur, lequel fixe les yeux sur elle et reste dans cette position jusqu'à ce qu'il sente qu'il s'est établi une chaleur égale entre les pouces mis en contact; alors il retire ses mains et les tournant en dehors les pose sur les épaules où il les laisse environ une minute et les ramène par une sorte de très douce friction le long des bras jusqu'à l'extrémité des doigts : ce mouvement connu sous le nom de *passe* doit être répété cinq ou six fois; puis, après avoir fait encore plusieurs gestes de la même espèce sur les différentes parties du corps, le magnétiseur en secouant la main, simule le mouvement tout naturel qu'on exécute lorsqu'on veut se débarrasser d'un liquide qui aurait humecté l'extrémité des doigts.

Jusque dans ces derniers temps on avait généralement considéré Mesmer comme l'inventeur du magnétisme animal et de là le nom de Mesmerisme sous lequel il a été longtemps désigné. Mais voilà qu'aujourd'hui, pour ennoblir sans doute les phénomènes magnétiques on veut que leur origine se perde dans la nuit des temps et remonte en quelque sorte presque à la création du monde.

En effet, suivant quelques modernes partisans du Mesmerisme, on doit rattacher à l'ordre des phénomènes naturels qu'il embrasse, tout ce qu'on nous raconte de merveilleux sur les sybilles, les pythonisses, les magiciens, les sorciers, les prophètes, etc. Il n'est pas jusqu'aux miracles qu'on n'ait voulu expliquer par le magnétisme.

Je regrette, dit le professeur Bouillaud, que l'espace me manque pour suivre M. Foissac dans son histoire du magnétisme chez les hébreux , les grecs , les romains , les gaulois, et dans le moyen âge ; mais je ne puis m'empêcher de rapporter les passages dans lesquels il établit que Moïse et Jésus-Christ lui-même et ses apôtres étaient ou des magnétiseurs ou des somnambules magnétiques. « Moïse ayant envoyé Josué , combattre contre les amalécites , monta sur une colline avec Aaron et Hur et lorsque Moïse tenait les mains levées, Israël était victorieux, mais lorsqu'il les abaissait un peu , Amalec avait l'avantage. Cependant les mains de Moïse étaient lasses et appesanties, c'est pourquoi , ayant pris une pierre et l'ayant mise sous lui, il s'y assit, tandis qu'Aaron et Hur soutenaient les mains des deux côtés. Ainsi les mains ne se lassèrent pas jusqu'au coucher du soleil , et Josué passa les amalécites au fil de l'épée. M. Filassier ajoute encore que c'était par l'imposition des mains que Jésus Christ chassait les démons et guérissait les malades etc. , etc.

Il n'appartient qu'au St-Siége de connaître de l'orthodoxie de M. Foissac , dans les passages que nous venons de citer, mais il nous sera bien permis à nous de nous étonner un peu du rôle que fait jouer ce magnétiseur à l'élévation des mains de Moïse dans la victoire que Josué remporta sur les amalécites. Avant de croire avec cet auteur , que c'est par l'imposition des mains que Moïse a fait triompher Josué et passer les amalécites au fil de l'épée , nous prierons messieurs les magnétiseurs de vouloir bien aller monter sur un des mamelons de l'Atlas et de là lever les mains sur notre malheureuse armée d'Afrique qui est toujours à la veille de saisir l'impalpable Abd-el-Kader.

Avant d'en venir à l'appréciation des phénomènes et des

croyances magnétiques , permettez-nous, chers lecteurs , de vous gratifier de quelques-unes des mille et une merveilles qui remplissent les ouvrages que l'on a écrits sur le magnétisme. Et, d'abord, écoutez celle-ci qui figure comme une des plus intéressantes, dans l'article Magnétisme de M. Rostan. Après avoir affirmé que la vue est suspendue chez la plupart des somnambules magnétiques , ce professeur ajoute : « Mais si la vue est abolie dans son sens naturel , il est tout à fait démontré pour moi qu'elle existe dans plusieurs parties du corps. » A l'appui de cette assertion , il rapporte l'expérience suivante : Il plaça sa montre à trois ou quatre pouces derrière l'occiput d'une de ses somnambules ( probablement Madame veuve Brouillard ou bien Mlle Pétronille, dont nous parlerons plus bas ), et il lui demanda ensuite si elle voyait quelque chose. — Certainement , dit-elle , je vois quelque chose qui brille ; ça me fait mal. — Qu'est ce que vous voyez briller ? — Ah! je ne sais pas, je ne puis vous le dire... attendez; ça me fatigue... attendez... c'est une montre. — Pourriez vous me dire l'heure qu'il est ? — Oh! non, c'est trop difficile... attendez... je vais tâcher... je dirai peut-être bien l'heure , mais je ne pourrai jamais vous dire les minutes. Il est huit heures moins dix minutes (ce qui était exact). » N'ayant pas assisté à ces expériences , il nous est impossible de commenter ce fait, qui, du reste n'a plus besoin d'explication , puisque le savant qui le rapporte est revenu aujourd'hui de son erreur sur le magnétisme.

Si nous ne craignions de vous ennuyer , nous vous raconterions encore quelques unes des histoires que l'on trouve dans la thèse de M. Filassier , thèse qui est sans contredit, l'hymne le plus hardi qui ait été composé en l'honneur du magnétisme, *de ce présent inestimable de la divinité*, comme le dit l'auteur. Nous vous ferions admirer , par exemple , une jeune fille qui est insensible extérieurement . et qui voit par l'estomac , par l'occiput et par le front ; nous y ajouterions un autre fait , dont vous trouverez peut-être le titre un peu singulier , le voici : Somnambule NÉE et élevée ( ou dressée ) pour le diagnostic et le traitement des maladies; elle donne des consultations et offre le 3ᵉ degré du somnambulisme .

Enfin , dussions-nous abuser de votre temps et de votre patience , nous ne pouvons résister à l'envie de vous rapporter l'histoire vraiment édifiante et convertissante de Mlle Clarice :

Cette jeune fille que l'on *croyait* sourde de naissance, ayant été infructueusement traitée par des médecins , vint à Paris pour consulter le célèbre magnétiseur, M. Chapelain. Celui-ci la mit non seulement en somnambulisme, mais aussi (ce que vos plus grands magiciens et nos plus habiles sorcières ne font pas tous les jours) , il la rendit en un instant si clairvoyante , si lucide, si savante anatomiste, qu'à la quatrième séance magnétique « elle déclara voir parfaitement bien son oreille interne , en donna une description anatomique très exacte et affirma qu'elle n'était pas sourde de naissance, *comme on le croyait* , mais que la surdité provenait de l'ébranlement communiqué à l'oreille interne par des coups de pistolet et de fusil tirés en signe de réjouissance auprès de la femme qui la portait à l'église, le jour de son baptême. » Rien n'est égal à la béatitude qu'éprouvait cette jeune demoiselle, *pleine d'esprit*, mais triste , quand elle dormait du sommeil magnétique que lui procuraient les passes de M. Chapelain. Si tu savais, disait-elle alors à son père , si tu savais combien je suis heureuse dans l'état ou je suis , je ne puis le comparer à rien , je ne voudrais jamais en sortir, « etc , etc.

Vous donc , mesdames , qui avez quelque goût pour la suprême béatitude, faites-vous magnétiser; et si vous êtes malades, vous guérirez par-dessus le marché. Toutefois, faites comme notre demoiselle, *pleine d'esprit*, mais triste : prescrivez-vous pendant votre lucidité somnambulique, un jour, *trois grains d'émétique;* un autre jour *vingt-quatre grains d'ipécacuanha* et vous direz, comme elle, *moitié en riant, moitié en grimaçant : que cela est mauvais, mais c'est nécessaire.*

Cependant nous ne connaissons encore que la moitié du pouvoir suprême de cette jeune sibylle, écoutons plutôt l'auteur de cette légende : « A mesure quelle guérissait, son somnambulisme devenait de plus en plus lucide et nous étonnait par sa vue toujours infaillible, dans l'espace et le temps.... (ici, lecteurs, je réclame votre plus sérieuse attention.) Dormant, à Paris, dans le salon de M. Chapelain, mademoiselle Clarice VOYAIT, à Arcis-sur-Aube, (sans longue vue bien entendu) sa mère, DÉCRIVAIT son occupation dans le moment, son attitude, ses pensées intimes; précisait en entrant dans les plus petits détails, le moindre changement que sa mère y apportait; PRÉDISAIT, pour une heure, un jour, plusieurs jours plus tard, la visite de telle ou telle personne à sa mère, leur entretien, la venue de telle ou telle lettre, l'effet que sa mère en ressentirait immédiatement, ses réflexions ultérieures.... la jeune somnambule annonçait aussi à son père, l'arrivée des lettres de sa mère, et disait, d'avance, leur contenu. Elle VIT un jour sa mère souffrante et elle dicta, pour elle, une consultation qui arrivait à Arcis-sur-Aube au moment où M. son père recevait à Paris la première lettre où sa femme lui parlait de sa maladie. »

Son magnétiseur opérait aussi pour elle la transmutation des liquides, pendant le sommeil magnétique et même lorsqu'elle était éveillée. « IL POUVAIT AUSSI LUI FAIRE VOIR DANS CET ÉTAT ARCIS-SUR-AUBE QU'IL N'AVAIT JAMAIS VU LUI-MÊME. » Un jour, ô jour à jamais mémorable ! *un jour qu'il faisait nuit,*

2

« il fit grossir INDÉFINIMENT à ses yeux une miette de pain dont il éleva lentement le volume, » Courage! M. Chapelain, quand on a fait de tels miracles, on peut en faire de moindres, et le moment n'est pas éloigné, j'ose le prédire (car moi-même aussi, je me mêle de faire des prédictions :) où vous aurez trouvé le secret de la transmutation des métaux, comme pour Mlle Clarice vous avez trouvé celui de la transmutation des liquides: le miracle de la pierre philosophale étant opéré par vous, vous ne tarderez point à accomplir celui du mouvement perpétuel et de la quadratnre du cercle : et pour mettre enfin le comble à tous vos miracles, vous déterminerez l'institut de France, auquel vous communiquerez ces immortelles découvertes, à vous décerner ce grand prix Montbyon, que jusqu'ici personne n'a eu le talent d'obtenir.

Nous regrettons d'être obligés de passer sous silence, ce que contient le 6ᵉ alinéa des conclusions de M. Filassier, dans lequel il s'efforce de faire ressortir une infinité d'avantages que l'on peut retirer du magnétisme ; et où il se fonde principalement sur ce point, *que s'il est un proverbe vrai, c'est le suivant :* QUI DORT DINE. Nous laisserons aux restaurateurs et aux cuisiniers le soin de répondre à cet article; les limonádiers n'oublieront pas, nous l'espérons, de se joindre à eux, car on sait que le magnétisme change l'eau en bavaroise, etc. Nous aurions pu vous parler aussi d'une jeune et intéressante aveugle, que son magnétiseur ne put jamais plonger dans le somnambulisme, tandis que le père de cette demoiselle qui l'accompagnait, s'endormait à la troisième ou à la quatrième passe. Ce qu'il y a de plus étonnant, c'est que celui-ci disait AVOIR VU pendant son sommeil, le fluide magnétique d'une couleur tantôt rouge, tantôt bleue ou violette qui enveloppait sa fille et le magnétiseur. Ainsi, vous le voyez, M. Chapelain ne se contentait pas de guérir les sourds et les boiteux, il

guérissait encore les borgnes, les aveugles et les épileptiques.
Bien plus, ce que vous ne croirez sans doute pas, il faisait
accoucher les femmes sans douleur par sa seule volonté. Que
répondre à de pareilles absurdités, ou plutôt à des opinions,
aussi insensées ? la meilleure réponse ne serait-ce pas, dit M.
Bouillaud, d'administrer à ceux qui les ont avancées, une très
forte dose d'ellébore ?

Pour nous, nous pensons qu'il est inutile et nous nous
croirions peu digne de vous, lecteurs, de nous attacher à
réfuter de pareils prodiges ou plutôt de pareils miracles. Mais
que disons-nous ? les vrais miracles ne pâlissent-ils pas, et ne
sont-ils pas entièrement éclipsés par les miracles magnétiques.
Qu'est-ce, en effet, que la multiplicité des pains en présence
de celui de donner des diners avec RIEN, comme le fait M.
Filassier ? découverte économique des plus précieuses,
qui mènera fort loin son auteur, s'il est vrai, comme le
dit très bien le grand poète ( 1 ) auquel M. Filassier a
dédié sa thèse, *que c'est par les diners qu'on gouverne les
hommes.* Puisqu'il est bien évident, pour quiconque ne veut
pas disputer sur les mots, que la vue sans le secours des
yeux, la vue par l'épigastre, et quelques autres actes magnétiques indiqués plus haut, seraient de véritables miracles,
autrement dit des faits pour l'accomplissement desquels, ceux
qui les admettent ont fait intervenir la puissance divine,
voyez où conduirait la croyance de semblables faits, il ne
faudrait rien moins qu'admettre la divinité de Messieurs les
magnétiseurs : c'est là sans doute, qu'ils veulent en venir,
puisqu'ils classent les faits de l'évangile parmi les faits magné-

(1) Casimir Delavigne.

tiques. Nous verrons du reste , ce que nous devrons croire quand ces messieurs auront été crucifiés.

Malheureusement les miracles magnétiques ont été mal observés, ou bien n'ont point été suffisamment constatés ; de l'aveu même des magnétiseurs , ils ne se présentent que très rarement. M. Husson , dans son rapport, dit que le somnambulisme peut quelquefois être simulé et fournir au charlatanisme des moyens de déception , et M. Rostan convient , qu'il est assez commun de trouver en défaut les somnambules magnétiques. Puisque nous venons de parler de ce professeur , c'est ici le lieu , nous pensons , de rapporter comment il est revenu aujourd'hui , de son opinion sur le magnétisme. Nous même , lui avons entendu dire dans une de ses excellentes leçons de clinique , qu'il s'était trompé et qu'on l'avait trompé d'une manière indigne. C'est probablement à l'aveu que fit Mlle Pétronille avant de mourir , que nous devons le retour de ce savant à des idées meilleures. Du moins , c'est ce que nous apprennent deux lettres très intéressantes publiées dans la *Gazette médicale* en 1835 et 37, par M. de Chambre. Ces lettres nous montrent jusqu'à l'évidence, une infinité d'exemples de supercheries des magnétiseurs et des magnétisés , et ce qu'il y a de plus curieux, c'est qu'elles nous apprennent encore que la veuve Brouillard et Mlle Pétronille , deux célèbres héroïnes des expériences magnétiques de Georget , (1) (bases sur lesquelles M. Rostan a bâti son article magnétisme. ) Elles nous apprennent ,

--------

( 1 ) De toutes celles qui ont été publiées , ces observations sont les seules que le professeur Andral regardait comme valables dans ses leçons.

dis-je, que ces deux femmes, se sont *constamment moquées* des magnétiseurs. Une d'elles, Pétronille, est morte phthisique à la Salpétrière, en 1833. M. Gorré, praticien à Boulogne-sur-Mer, était alors interne de la salle, et M. Perrochaut qui était, il y a quelques années, un des plus distingués internes de l'Hôtel-Dieu, faisait alors le service d'externe. Eh! bien, ces deux messieurs m'autorisent à déclarer, dit M. de Chambre, et s'offrent d'attester au besoin, que dans les derniers temps de sa vie, Pétronille leur a souvent avoué n'avoir jamais éprouvé le moindre symptôme de somnambulisme, et s'être constamment moquée, c'était son expression, de Georget et des autres. Elle affirmait avoir passé avec Brouillard plus d'une délicieuse soirée à énumérer toutes les mystifications de la journée et à préparer celles du lendemain.

Comme exemples de mystifications et de supercheries, nous pourrions encore citer ceux de Calixte, de mesdemoiselles Cœline et Collette, et celui plus récent de Mlle Prudence, qui, promenée de Montpellier à Lille par son magnétiseur, a enchanté par les faits de visions magnétiques, et la curiosité oisive du public et la curiosité sévère et raisonneuse des savans les plus distingués. Nous pourrions probablement mettre sur la même ligne, Mlle Pigeaire, de Montpellier, si, plus prudente que les autres, elle ne s'était retirée assez tôt pour empêcher qu'on ne découvrit ses stratagèmes.

On dira peut-être que la fourberie de quelques somnambules ne change rien à la sincérité des autres, et que tous les faits négatifs du monde ne détruiraient pas un seul fait positif. C'est là un principe banal que personne n'a jamais songé à contester sérieusement. Ce qui est, est; rien n'est plus sûr. Donc, si ce fait positif existe, rien ne saurait l'anéantir. Mais existe-t-il? voilà la question. Or, quand les héroïnes du ma-

gnétisme , quand celles même à qui l'on doit l'introduction
de la foi magnétique dans la génération médicale actuelle ,
quand celle dont on invoque les merveilles à chaque instant ,
sont prises en flagrant délit de mensonge et de supercherie ;
quand pas une d'elles n'a résisté à des expériences plus sévè-
rement dirigées que les premières ; quand on a mis à nu les
manœuvres qui ont pu tromper les premiers expérimentateurs;
enfin , quand les somnambules elles-mêmes avouent en mou-
rant que leur vie n'a été qu'une comédie , nous soutenons
qu'il n'y a pas de foi aussi robuste qui puisse résister.

Nous entendons déjà quelques personnes se récrier et répondre à cela : Mais MM. Fouquier, Husson , Guéneau-de-Mussy,
Guersent , J. Cloquet, etc. ; mais les médecins de Montpellier
sont donc des ignorans de s'être laissé tromper par quelques
imposteurs et quelques charlatans ? A cette objection , nous
répondrons par un passage du livre de Delaplace qui traite de
la probabilité des témoignages et dans lequel cet illustre
auteur tient à la fois compte et de l'erreur et du mensonge
possibles des témoins; nous n'avons pas besoin de dire que
dans l'application que nous faisons de ce passage , *la possi-
bilité* d'un mensoge n'a pu se présenter à notre pensée. « La
probabilité de l'erreur ou du mensoge des témoins , dit-il ,
devient d'autant plus grande que le fait attesté est plus *extraordinaire*. Quelques auteurs ont avancé le contraire ; mais le
simple bon sens repousse une aussi étrange assertion , et le
calcul des probabilités , en confirmant l'indication du sens
commun , apprécie de plus l'invraisemblance des témoignages sur les faits extraordinaires.... On peut juger par là du
poids immense des témoignages nécessaires pour admettre une
suspension des lois naturelles ; et combien il serait abusif
d'appliquer à ce cas les règles ordinaires de la pratique. Tous
ceux qui , sans offrir cette immensité de témoignages , étaient

ce qu'ils avancent de récits contraires à ces lois, affaiblissent plutôt qu'ils n'augmentent la croyance qu'ils cherchent à inspirer ; car alors ces récits rendent très probable l'erreur ou le mensonge. Mais ce qui diminue la croyance des hommes éclairés, accroît souvent celle du vulgaire, *toujours avide du merveilleux*. Il y a des choses tellement extraordinaires que rien ne peut en balancer l'invraisemblance... Un récit absurde, admis unanimement dans le siècle qui lui a donné naissance, n'offre aux siècles suivans qu'une nouvelle preuve de l'extrême influence de l'opinion générale sur les meilleurs esprits. Deux grands hommes du siècle de Louis XIV, Racine et Pascal, en sont des exemples frappans. « On sait que Racine et Pascal racontent qu'une jeune personne affligée depuis trois ans et demi d'une fistule lacrymale, fut guérie *miraculeusement*, après avoir touché de son œil malade une relique que l'on prétendait être une des épines de la couronne du Sauveur.

Franklin, qui a fait faire un si grand pas à l'étude de l'électricité, n'admettait nul rapprochement entre les phénomènes électriques et les phénomènes du magnétisme animal. Nous sommes d'autant plus heureux de rapporter ici son opinion sur cette matière, qu'elle répond à une infinité d'objections qu'on pourrait nous faire encore sur l'efficacité du magnétisme dans le traitement des maladies. Cette opinion est formulée dans la lettre suivante qu'il écrivait à de Lacondamine. Nous la rapportons en entier :

Passy, 19 mars 1784.

Monsieur,

Vous désirez connaître mon sentiment relativement aux cures faites par Camus et Mesmer. Je pense qu'en général les maladies causées par des obstructions peuvent être traitées avec avantage par l'électricité. Quant au magnétisme animal dont on parle tant, je dois douter de son existence jusqu'à ce que je puisse voir ou sentir quelques-uns de ses effets. Aucune des cures qu'on lui attribue ne sont tombées sous mon observation : *il y a tant de dérangements qui se guérissent spontanément*, *il y a dans l'esprit humain une telle disposition à se tromper soi-même ou à tromper les autres ;* une longue vie m'a fourni tant d'occasion de voir vanter certains remèdes comme guérissant tout, et néanmoins tombés bientôt après totalement en oubli comme inutiles, que je dois nécessairement craindre qu'il ne soit un jour qu'une illusion. Cette illusion, tant qu'elle subsistera, peut cependant être utile dans quelques circonstances. Il y a dans toutes les villes, grandes et riches, *nombre de gens qui ne sont jamais en santé, par la raison qu'ils ont la passion des médecines*, et qu'ils en prennent toujours de manière à *troubler leurs fonctions et nuire à leur constitution.* Si l'on peut persuader ces individus de s'abstenir de ces drogues en leur donnant l'espoir qu'un médecin pourra les guérir *à l'aide du doigt seulement*, ou en dirigeant sur eux *une baguette de fer*, ils pourront peut-être en retirer de bons effets, quoiqu'ils se trompent sur la cause.

J'ai l'honneur, etc.                    B. FRANKLIN.

L'original de cette lettre est conservé dans la grande et importante collection de manuscrits de la société philosophique américaine.

En écrivant quelque temps après au docteur Ingenhousz sur le même sujet, le docteur Franklin dit : « Mesmer est encore ici et il a encore des partisans et quelques clients. On a lieu de s'étonner combien il y a encore de crédulité dans le monde. Je suppose tous les médecins de France réunis, ils n'auraient pas fait autant d'argent dans le même temps que Mesmer en a fait à lui seul pendant son séjour ici. Nous avons maintenant une *folie nouvelle*. Un magnétiseur prétend vouloir, en établissant ce qu'il appelle *un rapport* entre une personne et une somnambule, donner à cette personne le pouvoir de diriger les actes de la somnambule par une simple *volonté forte*, sans parler ni faire aucun signe, et beaucoup de gens se précipitent chaque jour pour voir cette étrange opération.....

Les magnétiseurs ne se bornent pas à expliquer les faits merveilleux ou fabuleux de *la vision sans le secours des yeux* etc., ils se servent encore de ces faits pour expliquer tout ce qu'on raconte aux bonnes femmes et aux enfants, sur les sorcières, les devins, les magiciens, etc. Quant à nous, pour complaire à ces messieurs, nous consentons volontiers à les mettre sur la même ligne que les sorciers d'autrefois; et, bien que nous n'ayons pas reçu du saint-esprit somnambulique, le don de prophétie, nous osons leur prédire une destinée semblable à celle de leurs devanciers, sauf toutefois le gibet et le bûcher dont tout le monde n'est pas digne. Cet oracle est, pour le moins, aussi sûr que ceux de mesdemoiselles Pétronille, Samson et autres.

Le temps des sorciers est passé, ajoute le professeur Bouillaud; celui des magnétiseurs passera. On a dit de certains remèdes, qu'il fallait s'en servir tant qu'ils guérissaient. Nous dirons, nous, aux amateurs de magnétisme : Usez des magnétiseurs et des somnambules tant qu'il en existe ; et sous combien de rapports des somnambules ne peuvent-ils pas être utiles ? avec une somnambule lucide et un bon magnétiseur on peut en quelque sorte se passer de tout le reste.

Voulez-vous prévoir le beau ou le mauvais temps ? laissez-là vos instruments de physique, vos baromètres et vos thermomètres qui vous trompent parfois : prenez une somnambule, c'est le meilleur des instruments.

Voulez-vous savoir si une femme enceinte aura un garçon ou une fille ? vous consulteriez vainement le meilleur des accoucheurs; et mademoiselle Lenormand étant morte, prenez une somnambule et votre fortune est faite.

Vous avez oublié votre bourse, ou bien votre bourse est vide et vous avez faim : il n'est pas besoin d'entrer chez le restaurateur. Voilà de l'eau, un bon magnétiseur vous la transformera en une bavaroise au lait ou au chocolat. *Voilà rien*, faites-vous bien magnétiser, et, avec ce rien, vous ferez un dîner splendide.

Voulez-vous savoir, avec la rapidité de l'éclair, ce qui se passe à une cinquantaine de lieues de chez vous, au bout du monde même ? le télégraphe est trop lent, prenez une somnambule.

Voulez-vous connaître les pensées les plus intimes de quelqu'un, chose qui, de l'aveu universel, est assez difficile ? prenez une somnambule.

Voulez-vous ?.... mais, nous n'en finirions pas, lecteurs, si nous voulions énumérer tous les cas où le ministère d'une somnambule est infiniment supérieur à tout ce qu'on peut imaginer.

FIN.

.